Bibliografische Information der Deutschen Nationalbibliothek:

Die Deutsche Bibliothek verzeichnet diese Publikation in der Deutschen National-
bibliografie; detaillierte bibliografische Daten sind im Internet über http://dnb.d-
nb.de/ abrufbar.

Impressum:

Copyright © 2012 GRIN Verlag, Open Publishing GmbH
Druck und Bindung: Books on Demand GmbH, Norderstedt Germany
ISBN: 9783668310988

Loisa Welfers, Jennifer Friedrichs

Innovation und Diffusion aus räumlicher Perspektive. Das Hägerstrand Modell

GRIN Verlag

20.11.12

RWTH Aachen

Geographisches Institut
Proseminar A Geographie
Wintersemester 2012/2013
Hausarbeit

Innovation und Diffusion aus räumlicher Perspektive
erklärt am Hägerstrand Modell

Loisa Welfers

1. Semester
Angewandte Geographie

Jennifer Friedrichs

1. Semester
Angewandte Geographie

1

Inhaltsverzeichnis

1. Einleitung..**3**

2. Innovation und Diffusion...**4**

    2.1 Entwicklungsgeschichte der Innovations- und Diffusionsforschung......................4

    2.2 Diffusionsarten..6

    2.3 Diffusionswellen / Innovationswellen...9

3. Primärtheorie Hägerstrands..**11**

    3.1 Kontaktfelder..11

    3.2 MIF „mean information field"...11

    3.3 Regeln des Hägerstrand-Modells...13

    3.4 Simulation...14

4. Die drei Modelle Hägerstrands..**15**

    4.1 Problematik der Modelle...15

    4.2 Erweiterung der Modelle...15

5. Anwendung und Beispiel der Sars-Epidemie..................................**17**

6. Zusammenfassung...**19**

Literaturverzeichnis..**20**

1.Einleitung

Neuerungen aus den verschiedensten Bereichen beherrschen heute unsere Welt. Ob technische Neuerungen, kulturelle Wandlungen oder Krankheiten, alles verbreitet sich mit der Zeit in die verschiedensten Räume. Ein gutes Beispiel hierfür ist die SARS Epidemie. Im Frühjahr 2003 hatte sich der Erreger innerhalb von knapp zwei Monaten von der südchinesischen Provinz Guangdong über Hongkong, auf Grund der globalen vernetzten Welt, in acht Länder verbreitet.

Doch wodurch wird die Ausbreitung einer Krankheit, einer technischen Neuerung oder einer kulturellen Wandlung bestimmt ?

Genau diese Frage stellte sich auch Torsten Hägerstrand. Schon 1928 beschäftigte er sich mit dem Thema der Ausbreitung einer Neuerung. Torsten Hägerstrand (1916-2004) studierte Geographie an der Universität Lund in Schweden. 1952 schloss er sein Studium erfolgreich ab und schrieb an seiner Dissertation „Innovation Diffusion as a Spactical Process", welche 1953 veröffentlicht wurde. 1957 wurde er Professor der Geographie und entwickelte ab 1960 verschiedene Modelle, auch zum Thema Ausbreitung einer Neuerung (Haggett 2001:506).

Im Folgenden wird auf die Ausbreitung einer Innovation im Raum eingegangen, im Bezug auf das Hägerstrand Modell. Für ein besseres Verständnis wird nach der Erklärung des Hägestrand-Modells eine Betrachtung an Hand eines Fallbeispiels vorgenommen.

2.Innovation und Diffusion

Die Neuerung von Produkten, die Anwendung neuer Ideen und allgemein die Verbreitung von Verhalten oder Krankheiten, die sich aufgrund von sozialen Kontakten im Laufe der Zeit verbreiten, wird als Innovation bezeichnet. Aus geographischer Sicht sind Innovationen Neuerungen sowohl geistiger als auch materieller Art (z.B. neue technische Geräte, aber auch neue Verhaltensmuster oder Kulturelemente) (Wagner 1998:118).

Der Begriff Diffusion beschreibt die Verbreitung einer Innovation durch soziale Beziehungen. Die Entwicklung ist schwer vorhersehbar, aufgrund der Zufall belasteten Beziehungen (Reichart 1999:146).

Im Folgenden wird, im Bezug auf den Forscher Thorsten Hägerstrand, die Entwicklungsgeschichte der Innovations- und Diffusionsforschung beleuchtet und es wird auf die Diffusionsarten und Innovationswellen eingegangen.

2.1 Entwicklungsgeschichte der Innovations- und Diffusionsforschung

Bei Betrachtung der gesamten Diffusions- und Innovationsforschung lässt sich feststellen, dass diese mehreren Phasen unterliegt. Eingangs muss festgehalten werden, dass obwohl dieses Forschungsgebiet schon eine weiter zurückreichende Tradition hat, die wichtigsten Erkenntnisse und Forschungsmodelle erst zwischen 1960-1970 entstanden sind (Riedel 2000:24).

Es gibt vier Phasen, von denen die ersten beiden, die „Ethnographische und Kulturland-schaftsgenetische Phase" vor Hägerstrand und den damit besagten wichtigen Jahren 1960 und 1970 lagen. Aus geographischer Sicht ist Friedrich Ratzel (1844-1904) ein prägender Forscher der Ethnographischen Phase, der sich u.a. mit Ursachen von kulturellen Erscheinungen und der Übernahme von Ideen in andere Kulturkreise befasste. Mit dem eigentlichen Prozess, sowie den Ausbreitungsmechanismen, die

Grundstein dieser Neuerungen sind, beschäftigte er sich noch nicht (Riedel 2000:25). Trotzdem gab es zu Beginn des 19 Jahrhunderts schon Ansätze von Forschern aus verwandten

Wissenschaften, die den Ausbreitungsvorgang beschrieben. G. Tarde, ein französischer Soziologe sprach von einem wellenförmigen Ausbreitungsmechanismus. Diese Umschreibung wird noch heute als „Standardparameter" benutzt, auch von Torsten Hägerstrand (Winhorst 1983:6).

Die „Kulturlandschaftsgenetische Phase", welche ab 1920 einsetzt, lehnt sich an die Gedanken der „Ethnographischen Phase" an und führt diese weiter aus indem nun ein „dynamischer Prozess" hinter, zum Beispiel, dem kulturellem Wandel gesehen wird (Riedel 2000:26). Allerdings werden die zeitlichen Aspekte dieses Prozesses noch nicht erfasst und nicht in die richtige Beziehung zum Raum gesetzt. Ebenso fehlt ein allgemein greifendes Modell für Ausbreitungsprozesse (Riedel 2000:28/ Windhorst 1983:9).

Mit Torsten Hägerstrand beginnt ab 1950 die dritte Phase, die „modellorientierte Phase". In seinen ersten Studien steht noch nicht der Ausbreitungsprozess im Vordergrund, sondern er verfolgt noch stärker den kulturgenetischen Ansatz. So ist auch seine Dissertation „The Propogation of Innovation waves" mehr von Diffusionsmustern als von Diffusionsprozessen geprägt. Nach einigen Forschungen und mehreren Analysen zur Ausbreitung, sowohl „agraischer", als auch „genereller" Neuerungen, wie Radios oder Kraftwagen in Südschweden, geht er schließlich auf die „Art und Weise", wie sich die Ausbreitungsprozesse vollziehen, ein. Hierbei erkennt er Muster und Regelhaftigkeiten, die er in der Primärtheorie in seiner Dissertation zusammenfasst. Das folgende Zitat verdeutlicht den Ansatz seiner Forschung: „The spatial order in the adoption of innovation is very often so striking that it is tempting to try to create theoretical models which simultate the process and eventually make certain predictions unachieveable." (Winhorst 1983:14, 56-58, 28-29). Wichtig für die Arbeiten Hägerstrands war die generelle Entwicklung Schwedens in diesem Forschungsgebiet. In Schweden arbeiten die Vertreter der Kulturgeographie eng mit anderen Wirtschafts- und Sozialwissenschaftlern zusammen, anders als zum Beispiel in Deutschland und den USA, fand dort eine „isolierte" Entwicklung statt (Riedel 2000:29).

Die vierte Phase, die interdisziplinäre Phase oder Neuorientierung, kann abschließend noch nicht zusammengefasst werden, da diese Phase gerade stattfindet und somit noch nicht abgeschlossen ist. Wichtiger Forschungsaspekt in dieser Phase ist der „anwendungsorientierte Ansatz", bei dem die Resultate und Forschungsansätze aus der Innovations- und Diffusionsforschung in der Regionalplanung oder Politik angewendet werden soll (Windhorst 1983:35).

2.2 Diffusionsarten

Die Diffusion kann in drei Arten unterteilt werden.

Bei der expansiven Diffusion (Kontaktdiffusion) verbleiben die Adoptoren (Überträger oder die Innovation selber) in der Ausgangsregion und gewinnen noch häufig an Intensität. Während zwei Zeitperioden verstärken sich die diffundierenden Innovationen und die Fläche der Ausbreitung wird durch Beziehungsnetze vergrößert. Somit kommt es zur Veränderung des kompletten Raummusters. Im Abbildungsbeispiel B findet die Flächenvergrößerung in der Zeit von t_1 bis t_3 statt (Bathelt/Glückler 2012[3]:503).

Die expansive Diffusion wird unterschieden in zwei Formen:

Zum einen gibt es die Diffusion durch Übertragung/ Nachbarschaftsdiffusion, die voraussetzt, dass ein persönlicher Kontakt des „Innovationsträgers" mit einer anderen Person stattfindet, um die Innovation zu übertragen. Dabei ist der Prozess abhängig von Raum (Distanz) und Zeit. Die Innovation breitet sich vom Zentrum gleichmäßig und wellenförmig in andere Gebiete aus.

Zum anderen gibt es die hierarchische Diffusion. Hier findet die Verbreitung einer Innovation entlang einer hierarchischen Rangfolge von Einheiten, wie z.B. Bevölkerungsgruppen, statt. Ordnungen oder Gruppen derselben hierarchischen Stufe nehmen die Innovation etwa zeitgleich auf. Allerdings spielt hier die Distanz der Stufen keine Rolle (Bathelt/ Glückler 2012[3]:386). Bei dieser Form kann, wie aus Abbildung A deutlich wird, die Diffusion sowohl von oben nach unten, als auch von unten nach oben geschehen. Wenn sich die Innovation ausschließlich von oben nach unten ausbreitet spricht man von einer Wasserfalldiffusion / Kaskadendiffusion. Die Innovation kann aber auch in der Mitte eines hierarchischen Systems beginnen, sich dann nach unten oder oben ausbreiten und von da aus schneller in die anderen Stufen des Systems. Man spricht hier von einem Beatles-Muster (Haggett 2001[3]:505-504).

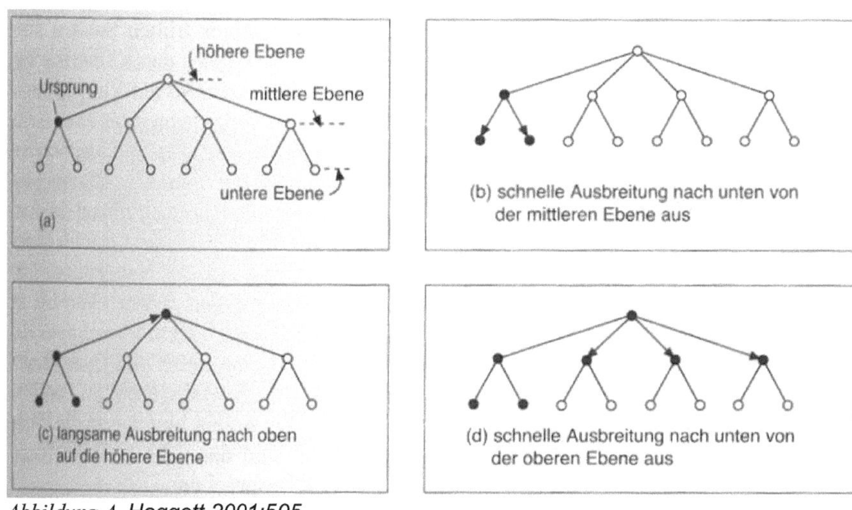

Abbildung A Haggett 2001:505

Ein neuer Musikstil wird in einer Provinzstadt (Liverpool) kreiert, kommt dann in die Landeshauptstadt (London) und wird schließlich in andere Hauptstädte rund um die Welt getragen. Schließlich erreicht er, Tausende von Kilometern vom Ursprungsort entfernt, die örtlichen Schallplattengeschäfte der Kleinstädte" (Haggett 1991: 387).

Die Relokations-Diffusion/ Verlagerungsdiffusion steht im Zusammenhang mit Wanderungsprozessen. Wie in Abbildung C erkennbar, verlagern sich die Innovationen aus dem Ursprungsgebiet t_1 heraus in neue Gebiete t_2 und t_3 und verbreiten sich dort weiter (Haggett 2001[3]:503).

Die dritte Art der Diffusion ist die Kombination aus Expansions- und Relokationsprozessen, welche in der Wirklichkeit am häufigsten auftreten. Hier verbleiben, wie in Abbildung D erkennbar, die „diffundierenden Elemente" oft in der Ursprungsregion t_1, aber verlagern sich trotzdem teilweise in neue Gebiete t_2 und t_3. Dies verändert das Raummuster allerdings nicht so gravierend wie bei der Expansionsdiffusion, da sich die Fläche nicht zentral ausbreitet (Haggett 2001³:503).

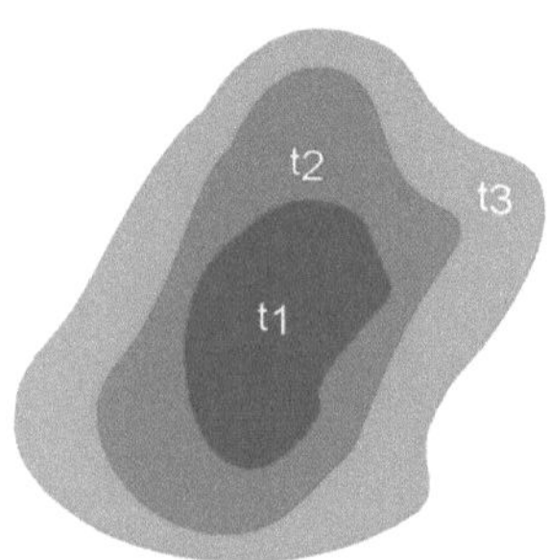

Abbildung B

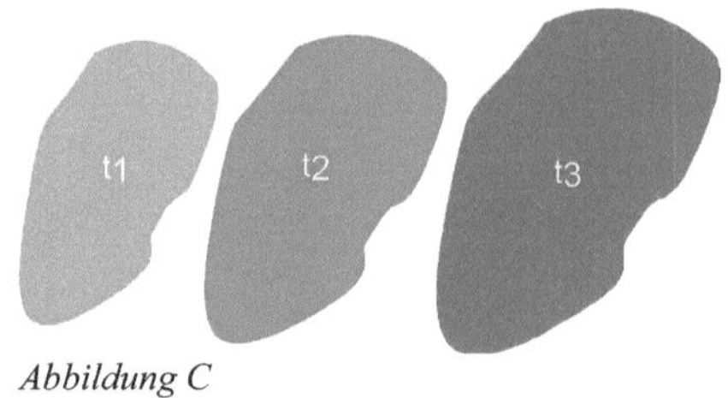

Abbildung C

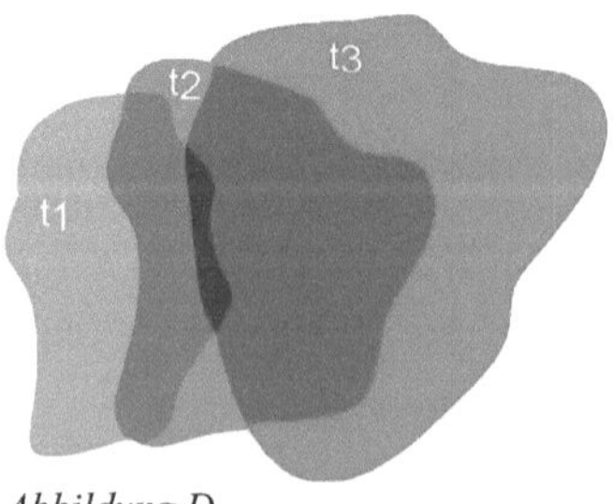

Abbildung D

(e-geography:2003)

2.3 Diffusionswellen / Innovationswellen

Die Diffusion kann nicht nur nach Form oder Art, sondern auch nach Phasen gegliedert werden, wie Hägerstrand herausfand. Darauf schloss er, als er die Querschnitte verschiedener, untersuchter Innovationen (Busstrecken bis Agrartechniken Schwedens) zeichnete und die Wellenform im Profil deutlich wurde.

Im Anfangsstadium (primary stage) beginnt der Diffusionsprozess und Innovationszentren werden gebildet. Die Innovationszentren zeigen gravierende Unterschiede zu den entlegeneren Gebieten auf. Da die Innovationen noch unbekannt sind, gibt es nur wenige Adoptoren.

Im darauf folgenden Diffusionsstadium (diffusion stage) beginnt der eigentliche Diffusionsprozess. Neue Zentren werden in anderen Gebieten gebildet und diese dehnen sich zentrifugal weiter aus. Durch dieses Wachstum wird der Kontrast zwischen den Zentren und den übrigen Gebieten immer geringer.

In der dritten Phase, dem Verdichtungsstadium (condensing stage), ist die Adoption in allen Gebieten gleichmäßig, unabhängig davon wie weit das Gebiet vom Innovationszentrum entfernt ist.

Die letzte Phase wird als Sättigungsstadium (saturation stage) bezeichnet. Hier verlangsamt sich der Diffusionsprozess, da die diffundierende Innovation in allen Gebieten gleichermaßen übernommen worden ist (allenfalls gibt es regionale Abweichungen). Somit hat der Diffusionsprozess sein Ende erreicht (Haggett 2001[3]:506-507/ Windhorst 1983:60/ Riedel 2000:48).

Forschungsarbeiten über Hägerstrand hinaus, wie z.B. die des amerikanischen Geographen Richard Morrill, differenzieren die Modellvorstellung Hägerstrands.

Morrill zeigt mit seinem „Modell der Diffusionswellen in Raum und Zeit", Abbildung E, dass eine Diffusionswelle mit der Distanz vom Ursprung und wachsendem Zeitabstand ihren ursprünglichen Charakter verliert. Die erste Welle, die noch im Gebiet des Ursprungs liegt, zeigt schon einen deutlichen Anstieg, sie kann aber nur eine bestimmte

Höhe erreichen. Das bedeutet, es gibt noch wenige Adoptoren. Die nächste Welle zeigt den Zustand, in dem es die meisten Adoptoren gibt, da die Innovation anerkannt worden ist. Nach diesem Zustand nehmen die Wellenflächen und -höhen wieder schlagartig ab. Grund dafür könnte eine neue Innovation sein oder eine Kollidierung mit einer konkurrierenden Welle (Haggett 2001[3]:507-508).

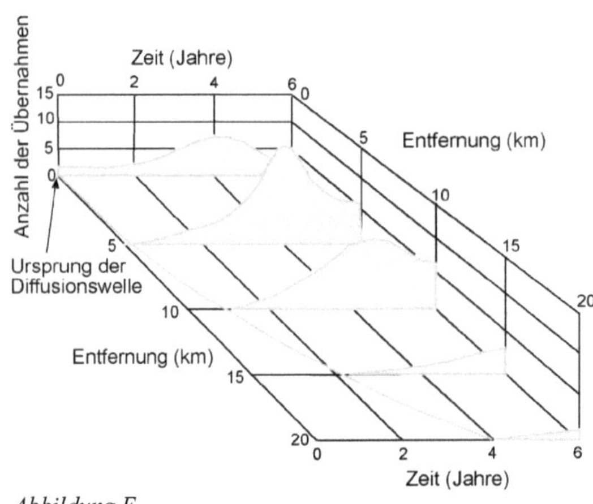

Abbildung E

Diffusionswellen

(Haggett 2001[3]:508)

3. Primärtheorie Hägerstrands

Drei Modelle stellte Hägerstrand in seiner Dissertation auf (Riedel 2000:15). Durch die Modelle sollten die Faktoren bestimmt werden können, welche den Ausbreitungsprozess leiten. Diese Faktoren wurden von Hägerstrand als „primary factors" bezeichnet. Hierbei war die „private Informationsübertragung",d.h. die Übertragung einer Information zwischen zwei Personen, einer der bestimmenden Faktoren (Riedel 2000:49). Wichtiger Bestandteil aller dieser Modelle sind die Kontaktfelder und das „mean information field" (kurz: MIF).

3.1 Kontaktfelder

Zur Simulation des Diffusionsprozesses benutzt Hägerstrand Kontaktfelder. Er stellt heraus, dass der Kontakt zwischen zwei Personen, Sender und Empfänger, unwahrscheinlicher wird, desto weiter sie voneinander entfernt sind. Somit sinkt auch die Wahrscheinlichkeit, dass der Empfänger vom Sender eine Nachricht erhält, umgekehrt proportional zur Strecke. Empirische Forschungen zeigen, dass die Abnahme im Idealfall exponentiell verläuft. Derartige räumliche Muster werden von Geographen als Kontaktfelder bezeichnet. Das Gefüge der Kontaktfelder ist in der Praxis wesentlich komplexer. Die Distanz zwischen zwei Ebenen ist von der Richtung der Ausbreitung abhängig. Jedoch überschneiden sich teilweise verschiedene Ausbreitungsformen (Haggett 2001[3]:509).

3.2 MIF „mean information field"

Das MIF gibt in Hägerstrands Modell die „räumliche Dynamik" wieder (Windhorst 1983:69). Es ist das Gebiet in dem Kontakte zwischen Personen stattfinden können, die wiederum potentielle Innovationen weitergeben. Hägerstrand spannt ein kreisförmiges Feld zentriert über eine Matrix mit 25 Zellen, die jeweils 1km mal 1km groß sind. Durch das entstandene Gitternetz kann Hägerstrand jedem Feld die Wahrscheinlichkeit eines Kontaktes zuordnen. Der Querschnitt des kreisförmigen Feldes zeigt die exponentielle Abnahme der Kontaktwahrscheinlichkeit mit der Distanz. Die Zelle des Zentrums weist mit 40% (P=0,4432) die höchste Kontaktwahrscheinlichkeit auf. Die Eckzellen zeigen mit weniger als 1% (P=0,0096)die geringste Kontaktwahrscheinlichkeit, da die Distanz zum Zentrum bei ihnen am größten ist. Um vollständig mit dem „mean information field" arbeiten zu können, werden für jede Zelle die jeweiligen Wahrscheinlichkeiten aufsummiert. Die oberste Zelle hat, wie man in Abbildung F sieht eine Kontaktwahrscheinlichkeit von 0,0096 %. Ihr werden die ersten Zahlen von 0-96 zugewiesen (Abbildung G). Bei der darauf folgenden Zelle rechts ist eine Kontaktwahrscheinlichkeit von 0,0140 zu erkennen. Sie bekommt somit die nächsten 140 Zahlen nach 96 zugeteilt, also die Zahlen bis 235. In diesem Muster wird für alle anderen Zellen fortgefahren, sodass die letzte Zelle rechts unten wieder 96 Zahlen erhält und zwar diesmal von 9904-9999. Schließlich ergibt sich also eine Gesamtzahl von 10.000 für das gesamte MIF (Haggett 2001[3]:510).

0.0096	0.0140	0.0168	0.0140	0.0096
0.0140	0.0301	0.0547	0.0301	0.0140
0.0168	0.0547	0.4432	0.0547	0.0168
0.0140	0.0301	0.0547	0.0301	0.0140
0.0096	0.0140	0.0168	0.0140	0.0096

Abbildung F

0-95	96-235	236-403	404-543	544-639
640-779	780-1080	1081-1627	1628-1928	1929-2068
2069-2236	2237-2783	2784-7215	7216-7762	7763-7930
7931-8070	8071-8371	8372-8918	8919-9219	9220-9359
9360-9455	9456-9595	9596-9763	9764-9903	9904-9999

Abbildung G

(e-geography:2003)

Das Modell sollte nur auf komplizierte, nicht vorhersehbare Diffusionen angewandt werden, da es auf einem Zufallsmechanismus basiert und bei jedem Versuch ein anderes Muster entstehen kann (Haggett 2001[3]:509-511).

3.3 Regeln des Hägerstrand-Modells

1. Das Diffusionsareal ist homogen und jede Zelle weist eine gleichmäßige Bevölkerungsdichte auf.

2. Die Diffusion wird in gleichgroße Zeitintervalle eingeteilt, die alle ihren Ursprung zur Zeit t haben.

3. Ausgangzellen (Übermittler) können für bestimmte Zeitperioden gewählt werden und die ursprüngliche Innovation zum Zeitpunkt t_0 erhalten.

4. Ausgangzellen können eine Nachricht pro Zeitperiode weitergeben.

5. Die Übergabe der Information erfolgt ausschließlich zwischen zwei Zellen.

6. Die Wahrscheinlichkeit der Informationsübertragung zu einer anderen Zelle hängt von der Distanz zwischen den beiden Zellen ab.

7. Das Übernehmen der Innovation folgt nach der Aufnahme. Der Übermittler erhält zum Zeitpunkt t_x eine Information und gibt diese zum Zeitpunkt t_{x+1} weiter.

8. Zellen, die die Innovation bereits angenommen haben, werden kein weiteres Mal als Empfänger akzeptiert.

9. Nachrichtenübermittlungen außerhalb des MIF sind ohne Bedeutung. Diese Nachrichten gehen verloren.

10. Um jeden Übermittler wird pro Zeitperiode ein MIF zentriert.

11. Das MIF wird in jeder Zeitperiode über jeder Überträgerzelle mittig ausgerichtet und somit ein neuer Kontakt durch Zufall bestimmt.

12. Hat jede Zelle im MIF die Innovation übernommen ist die Sättigungsgrenze erreicht und die Diffusion abgeschlossen. Jedoch kann der Diffusionsprozess in jedem Stadium enden.

(Haggett 2001[3]:509-511)

3.4 Simulation

Simuliert wird dieses Modell, indem man zur Zeit t1 das MIF zentral über die Zelle legt, in der sich der Adoptor befindet. Um die Person ausfindig zu machen, die als nächstes die Innovation übernehmen soll, wird eine zufällige Zahl zwischen 0 und 9999 gezogen. Die hiermit bestimmte Empfängerzelle, von der auf Grund der gezogenen Zahl, sowohl Richtung als auch Entfernung zur ersten Zelle bekannt sind, wird zu einer Ausgangszelle, der nächsten Zeitperiode t2. In dieser Stufe wird das MIF nun auch über diese Zelle gelegt, in der der Person nach Schritt eins nun auch die Neuerung bekannt ist und für diese wird das gleiche Verfahren der Zufallszahlen noch einmal angewendet. Die hiermit bestimmten Zellen sind immer die Ausgangszellen für die nächsten Zeitperioden. Jeder neuen Zeitperiode wird das MIF über jede, dieser Überträgerzellen gelegt, was aus den schon bekannten Regeln zehn und elf hervorgeht. Die Überträgerzellen werden zum Teil auch mehrfach markiert und das System wird solange durchgeführt, bis alle denkbaren Empfänger die Neuerung erhalten haben. Bei einer Auswertung lässt sich erkennen, dass die Kontaktwahrscheinlichkeit von der Distanz der Zellen bestimmt wird. Dieses Modell ist recht einfach, verbraucht aber eine hohe Speicherkapazität bei Rechnern (Windhorst 1983:102-103).

4. Die drei Modelle Hägerstrands

Wie schon erwähnt erstellte Hägerstrand nicht nur ein Modell, sondern drei Modelle, um die jeweiligen Änderungen aufzuzeigen.

Im ersten Modell ist die Population in den Gebieten (Kontaktfeldern) äquivalent verteilt. Die Diffusion geschieht in gleichbleibenden Zeitintervallen, in denen persönliche Schwellenwerte überschritten werden müssen, um die Innovation zu erhalten. Die Übertragung der Innovation geschieht durch direkten Kontakt.

Das zweite Modell schließt mit ein, dass nicht alle von der Existenz der Innovation wissen. Die Erfahrung der Neuerung schließt auch direkt die Übernahme mit ein.

Das dritte Modell zeigt die grundlegende Änderung. Es ist ein realitätsnäheres Modell. Sowohl „räumliche Barrieren", als auch ein möglicher Widerstand der Adoptoren wurden eingebaut (Echterhagen 1983:3-47/ Windhorst 1983:105/ Haggett 2001: 515-516).

4.1 Problematik der Modelle

Alle drei Diffusionsmodelle Hägerstrands sind eine Vereinfachung der Realität. Die Areale, in denen räumliche Diffusion stattfindet, sind keineswegs ebene Gebiete mit gleichmäßiger Bevölkerung. Ebenso werden Innovationen nicht direkt übernommen und nicht ausschließlich durch Kontakte weitergegeben. Er geht von stabilen und optimalen ökonomischen, sozialen und geoökologischen Voraussetzungen aus. Hägerstrand war sich der Abstrahierung bewusst. Er versuchte durch die Vereinfachung die Nachvollziehbarkeit zu erhöhen. Um den Diffusionsprozess realistischer zu gestalten lässt sich das Modell jedoch problemlos erweitern.

4.2 Erweiterung der Modelle

Es ist unrealistisch, dass Innovationen direkt übernommen werden. Genauso unüblich ist es aber auch, dass sie erst im Nachzug anerkannt werden. Die größte Anzahl der Bevölkerung übernimmt die Innovation nach den „frühen Innovatoren". Hägerstrand setze Widerstandskurven ein, um den „Widerstand gegen Neuerungen" zu verdeutlichen. Damit konnte über Computer die Anzahl der Nachrichten ermittelt werden, die benötigt werden,bis eine Innovation vollständig übernommen wird.

Zudem muss davon ausgegangen werden, dass nicht jedes Areal die gleiche Struktur hat, somit wurden die Zellen umgeformt. Informationen, die über die Kontaktfelder hinausgehen, gelten bei Hägerstrand als „verloren". Deshalb wurden Grenzregionen hinzugefügt, die die halbe Breite des MIF-Gitters hatten, so dass die Innovationen auch hier diffundieren konnten. Ebenso sollte beachtet werden, dass die Bevölkerungsverteilung nicht in jeder Zelle gleich ist. Es wurde eine Funktion zur Kontaktwahrscheinlichkeit aufgestellt (Entfernung zwischen Übermittler-Zelle und Zielzelle und Anzahl der Personen je Zelle). Multipliziert wird die Population jeder Zelle mir der ursprünglichen Kontaktwahrscheinlichkeit, es entsteht ein gemeinsames Produkt. Eine neue Kontaktwahrscheinlichkeit kann gebildet werden aus der Summe der Produkte, aus allen 25 Zellen, und dem „Verhältnis zwischen dem gemeinsamen Produkt jeder Zelle" (Haggett 2001[3]:512). Sobald das MIF bewegt wird, muss es neu berechnet werden. Wie in Kapitel 4 festgestellt, benutzte auch Hägerstrand in seinem dritten Modell schon Barrieren, aber auch andere Forscher, wie Richard Yuill haben „interne Hindernisse" den Diffusionsmodellen hinzugefügt.

Nach Richard Yuill existieren vier verschiedene Arten von Barrieren, die die Diffusion hemmen können:

1. Suburbanisierende Barriere: Diese Barriere absorbiert die Informationen und zerstört die Übermittler.

2. Absorbierende Barriere: Diese Barriere absorbiert die Informationen, zerstört jedoch nicht die Übermittler.

3. Reflektierende Barriere: Diese Barriere absorbiert die Informationen nicht, erlaubt aber im selben Zeitintervall, dem Übermittler, eine neue Information los zu schicken.

4. Direkt reflektierende Barriere: Diese Barriere absorbiert Informationen nicht, lenkt sie aber zu der Nachbarzelle, die die kleinste Distanz aufweist.

(Haggett 2001[3]:512-513)

5. Anwendung und Beispiel der Sars-Epidemie

Wie schon in der Einleitung erwähnt werden die Modelle der Diffusionsforschung zum Beispiel genutzt, um den Verlauf von Krankheiten zu kontrollieren und damit einen möglichen Schutz der Bevölkerung zu erreichen. Im Folgenden wird die in der Einleitung genannte SARS-Epidemie aufgegriffen, um an diesem Beispiel den Diffusionsprozess aufzuzeigen.

Sars, bekannt auch als schweres akutes Atemnotsyndrom, ist gezeichnet durch hohes Fieber, Husten und Kurzatmigkeit. Übertragen wird der Erreger nur durch direkten oder nahen Kontakt, sprich durch Schmier- oder Tröpfchenübertragung. Die Inkubationszeit beträgt in der Regel zwischen zwei und sieben Tagen (Tagesschau:2007).

Im Frühjahr 2003 zeigte sich, dass durch unsere globale, vernetzte Welt die Erreger sich in kürzester Zeit auf der ganzen Erde ausbreiten können, und welch tödliches Potenzial sie haben. Allein in den USA gab es 200.000 Tote und die Kosten beliefen sich auf 60 bis 160 Milliarden Dollar.

Wie in Kapitel 2.4 erklärt, erläutert das Standardmodell von Hägerstrand zum Bespiel die Epidemieentwicklung in Form von Diffusionsprozessen. Die Diffusion geschieht wellenförmig. Die Wellen breiten sich mit gleichbleibender Geschwindigkeit geographisch aus. Bei Hägerstrand ging man davon aus, dass Menschen nur minimale Strecken am Tag zurücklegten. Heute können Menschen an einem Tag viele hunderte Kilometer weit reisen. Dies hat, wie oben genannt, zur Folge, dass sich eine Epidemie mit viel höherer Geschwindigkeit ausbreiten kann, als früher. Der SARS-Erreger verbreitete sich in kurzer Zeit, von der Provinz Guadong (China) über HongKong, auf der ganzen Welt.

Das Max-Planck-Institut hat ein Modell erstellt, das die Verbreitung von Infektionskrankheiten beschreibt und das diese Krankheiten voraussagen kann. Die lokale Häufigkeit der Infektionen wird in Kombination mit dem weltweiten Luftverkehr dargestellt. Die Forschungen zeigen, dass das Ergebnis sehr genau mit dem reellen Verlauf der Epidemie übereinstimmt. Jedoch sagen die Forscher auch, dass „nur schnelle und konzentrierte Reaktionen" zum Erfolg führen (Brockmann, Geisel, Hufnagel:2004).

Dieses Beispiel zeigt, dass das Grundmodell von Hägerstrand nicht realitätsgetreu und auch nicht mehr zeitgemäß ist. Um dieses Modell heute anwenden zu können, müssenviele neue Faktoren, wie hier zum Beispiel die Infrastruktur in Form von Luftverkehr, in das Modell mit eingebunden werden.

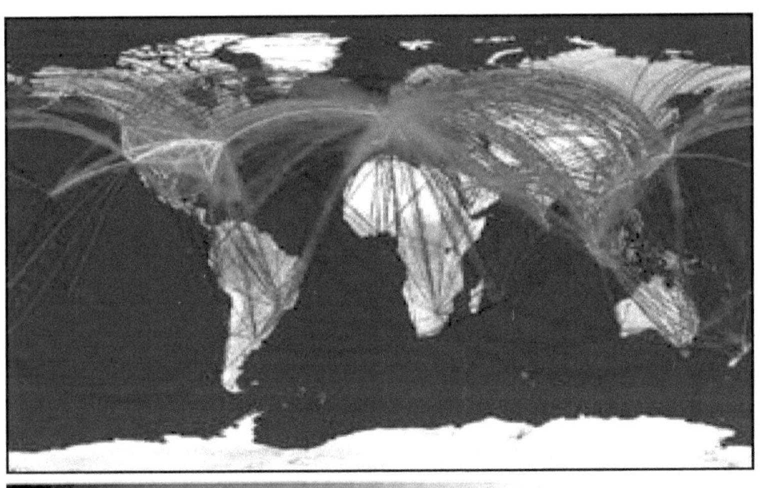

Das Bild zeigt die Reisenden pro Tag zwischen den jeweiligen Ländern.

(Max-Planck-Institut für Strömungsforschung:o.J.)

6. Zusammenfassung

„Doch wodurch wird die Ausbreitung einer Krankheit, einer technischen Neuerung oder einer kulturellen Wandlung bestimmt?"

In dieser Arbeit wurde die räumliche Diffusion als komplexes Zusammenspiel aus Innovationen, Wahrscheinlichkeiten und räumlichen Gegebenheiten vorgestellt.

Die Arbeit zeigt die wichtigsten Prozesse der räumlichen Diffusion auf. Verschiedene Arten und Formen der Diffusion werden erklärt und Innovationen als verschiedenste Neuerungen charakterisiert und in die Diffusion mit eingebunden.

Zentraler Punkt der Arbeit ist Hägerstrand, als Modellentwickler. Seine Primärtheorie wird sehr genau in Inhalt, Funktion und Anwendung bearbeitet. In Abhängigkeit von der Wahrscheinlichkeit sozialer Kontakte und räumlichen Gegebenheiten findet die Diffusion einer Innovation statt. Durch die Erweiterung seiner Modelle wird aufgezeigt, dass viele Faktoren auf den Verlauf einer Ausbreitung einwirken.

Am Beispiel der SARS-Epidemie, wird nachgewiesen, dass Hägerstrands Modell zur heutigen Vorhersage von Krankheitsausbreitungen nicht geeignet ist. Es fehlen grundlegende Faktoren in seinem Modell, wie z.B. die infrastrukturellen Wandlungen. Jedoch zeigt das oben genannte Modell des Max-Planck Instituts, welche Bedeutung seine Forschung auch heute noch hat.

Literaturverzeichnis

ARD Tagesschau (2007): Alles über das „Schwere Akute Atemwegssyndrom".

<http://www.tagesschau.de/inland/meldung251498.html> abgerufen am

13.11.2012.

Bathelt, H./ Glückler J. (Hrsg.) (20123):Wirtschaftsgeographie. Slowakei:

Eugen Ulmer KG

Echterhagen K.(1983): Die Diffusion Sozialer Innovationen- Eine Strukturanalyse.

Spardorf:Verlag René F. Wilfer.

e-geography (2003): Diffusionsarten

<http://www.e-geography.de/module/diff1/html/theorie_4.htm> abgerufen am

13.11.2012.

e-geography (2003): Mean Information Field - Hägerstrand.

<http://www.e-geography.de/module/diff2/html/theorie_6.htm> abgerufen am

15.11.12

Geipel,G. (Hrsg)(2001³):Geographie- Eine globale Synthese.Stuttgart:

Eugen Ulmer GmbH&Co.

Glawion,R. et. al. (Hrsg) (1998³):Wirtschaftsgeographie.Braunschweig:

Westermann Schulbuchverlag GmbH.

Haggett, P. (20013):Geographie- Eine globale Synthese.

Deutschland: Eugen Ulmer GmbH & co..

Haggett, P. (19833):Geography- A modern synthesis. America: Harper.

Haggett, P. (1973):Einführung in die kultur- und sozialgeographische

Regionalanalyse. Berlin/ New York: Walter de Gruyter.

Hägerstrand,T.(1973²):Innovation Diffusion as a spatial Process.Chicago:

University of Chicago press.

Reichart, T. (1999):Bausteine der Wirtschaftsgeographie. Bern/ Stuttgart/ Wien:

Paul Haupt.

Riedel,D. (2000):Die Diffusion von Innovationen unter besonderer

Berücksichtigung von ERS-SAR-Fernerkundungsdaten.Köln:Deutsches Zentrum

für Luft- und Raumfahrt e.V..

Wagner, H. (1998):Wirtschaftsgeographie. Braunschweig: Westermann

Schulbuchverlag GmbH

Windhorst,H.-W.(1983):Geographische Innovations-und Diffusionsforschung.

Darmstadt:Wissenschaftliche Buchgesellschaft.

BEI GRIN MACHT SICH IHR WISSEN BEZAHLT

- Wir veröffentlichen Ihre Hausarbeit,
  Bachelor- und Masterarbeit

- Ihr eigenes eBook und Buch -
  weltweit in allen wichtigen Shops

- Verdienen Sie an jedem Verkauf

Jetzt bei www.GRIN.com hochladen
und kostenlos publizieren